奇奇小问号

水下世界

闫宝华 编著

浙江摄影出版社
全国百佳图书出版单位

前言

孩子最爱问“为什么”。对于孩子们来说，这个世界有太多太多的现象让他们忍不住地去问大人们“为什么”：为什么太阳会每天升起，小蝌蚪为什么长得和妈妈不一样，为什么小汽车会行驶，为什么……这么多的为什么，家长未必都能一一回答。

鉴于此，我们组织有关专家精心编写了这套“奇奇小问号”丛书，通过主人公“奇奇”可爱而天真的问题以及“妈妈”等人的巧妙回答，帮助家长更好地回答孩子形形色色的问题，丰富孩子的知识，使家长和孩子在共同阅读中体会知识的乐趣，增进彼此的亲情。

本丛书包括《空中精灵》《水下世界》《陆地王国》《奇幻星空》《神奇科技》《身边科学》以及《人体奥秘》7本，精选当今孩子们最感兴趣、最想知道的科学技术知识。而且，每一个问题都设置了一个明确的答案及相关的“迷你资料库”“小小观察站”等栏目。书中浅显易懂的语言和叙述手法以及生动活泼的彩色插图，很好地诠释了知识王国的美丽，极大地调动了孩子们探索世界的兴趣。

目录 Contents

鱼为什么离不开水？ / 1
鱼是怎样呼吸的？ / 2
鱼的尾巴为什么摆来摆去？ / 3
鱼是怎样睡觉的？ / 4
鱼能听到声音吗？ / 5
海里的鱼为什么不是咸的？ / 6
河水结了冰，鱼会被冻死吗？ / 7
鱼鳔有什么作用？ / 8
鱼为什么会长鳞片？ / 9
有会爬行的鱼吗？ / 10
为何鱼肚皮和脊背颜色不同？ / 11
所有的鱼都有眼睛吗？ / 12
哪种鱼是游泳冠军？ / 13
金鱼是怎么来的？ / 14
为何热带鱼的颜色特别鲜艳？ / 15
青蛙是怎样捉害虫的？ / 16
小蝌蚪真的是青蛙的孩子吗？ / 17
冬天，青蛙到哪里去了？ / 18
癞蛤蟆有毒吗？ / 19
螃蟹为什么横着走？ / 20
螃蟹生活在哪里？ / 21
招潮蟹的名字是怎么来的？ / 22
乌龟为什么喜欢缩头缩脑？ / 23
为什么有些龟的寿命特别长？ / 24
泥鳅为什么长胡子？ / 25
为什么鸡不会游泳？ / 26
鸭子走路为什么一摇一摆的？ / 27
河蚌的壳上为什么有条纹？ / 28
河蚌会走路吗？ / 29
蚂蟥为什么要叮人？ / 30
鳄鱼真的会吃人吗？ / 31
鳄鱼流眼泪是在哭吗？ / 32
小鸟飞到鳄鱼嘴里做什么？ / 33
为什么人吃了河豚会中毒？ / 34
海豚能听懂人说话吗？ / 35
为什么海豚会救人？ / 36
海马是生活在海里的马吗？ / 37
小海马是海马爸爸生的吗？ / 38
谁是世界上最大的哺乳动物？ / 39
为什么说鲸不是鱼？ / 40
鲸为什么会喷水？ / 41
大鲨鱼会咬人吗？ / 42

目录 Contents

鲸为什么会搁浅“自杀”？ / 43

怎样营救搁浅的鲸？ / 44

鲨鱼的牙齿为什么长得很怪？ / 45

石斑鱼真的像石头吗？ / 46

为什么比目鱼的眼睛长在同一侧？ / 47

电鳗真的会放电吗？ / 48

墨鱼是鱼吗？ / 49

乌贼为什么能喷出墨汁？ / 50

乌贼和章鱼是同一种动物吗？ / 51

海星的嘴长在哪里？ / 52

海星真的能吃掉贝类动物吗？ / 53

海葵是生长在海里的葵花吗？ / 54

水母会咬人吗？ / 55

海参遇到敌人怎么办？ / 56

海胆和刺猬是亲戚吗？ / 57

珊瑚是动物还是植物？ / 58

为何鹦鹉螺被称为“活化石”？ / 59

飞鱼是怎样飞行的？ / 60

大海里真的有美人鱼吗？ / 61

水牛为什么喜欢泡在水里？ / 62

河马和马有关系吗？ / 63

河马的眼睛为何长在头顶上？ / 64

螃蟹和虾煮熟后为何会变红？ / 65

螃蟹为什么吐泡沫？ / 66

船为什么能浮在水面上？ / 67

气垫船离开水面怎样行驶？ / 68

破冰船为什么能破冰？ / 69

潜艇是怎样潜到水下的？ / 70

为什么潜艇不怕风浪？ / 71

航空母舰是“海上霸王”吗？ / 72

为什么帆船逆风也能航行？ / 73

独木舟是一根木头做的吗？ / 74

蛙泳是跟青蛙学的吗？ / 75

鱼为什么离不开水？

奇奇和妈妈到乡下看望奶奶，看到叔叔家的鱼塘里鱼儿欢蹦乱跳，奇奇说：“叔叔，给我捞一条鱼上来，让我和它玩一会儿吧！”叔叔说：“那可不行，鱼是不能离开水的。”这是为什么呢？

叔叔告诉奇奇：“一般说来，鱼是用鳃呼吸的，不像我们人用肺来呼吸。鱼的鳃只能从水里吸收氧气，离开水就不能吸收氧气了。所以，鱼不能离开水。”

迷你资料库

能进行气呼吸的鱼大多生活在热带、亚热带地区，或者水里面的氧气不够的地方。鱼能够进行气呼吸是鱼适应环境的表现。

小小观察站

有的鱼离开水之后能存活好长时间，那是因为这些鱼会气呼吸。比如黄鳝、泥鳅，它们可以通过皮肤进行气呼吸。

鱼是怎样呼吸的？

叔叔在鱼塘边喂鱼。奇奇看着鱼儿成群地游过来吃东西，忽然想到一个问题：鱼也有鼻子吗？鱼是怎样呼吸的？

奇奇带着这个问题去找叔叔，叔叔告诉奇奇：“鱼有鼻子，但鼻子只是用来闻气味的，并不用来呼吸。鱼用鳃呼吸，鱼的鳃就像耙子一样，把水中溶解的氧气过滤到鱼鳃丰富的毛细血管中，通过血液带到鱼身体的各个组织器官当中。”

迷你资料库

世界上已知的鱼类大约有26000种，是脊椎动物中种类最多的一大类。它们绝大多数生活在海洋里，在淡水里生活的鱼大约有8600种。

小小观察站

离开水之后，鱼会甩着尾巴挣扎，同时鱼鳃一张一合地翕动，那是鱼试图得到氧气的行为。

鱼的尾巴为什么摆来摆去？

奇奇在池塘边看着水里的鱼，发现鱼的尾巴时不时地摆来摆去。鱼为什么要摆尾巴？是不是它玩得高兴了？

叔叔说：“鱼的尾巴摆来摆去，那是鱼在游。鱼的尾巴像推进器一样，能够推动身体向前游动。通过摇尾巴，鱼还可以自如地改变方向。”

迷你资料库

除了尾巴，鱼还有鳍来帮助它游。鱼鳍分为胸鳍、腹鳍、背鳍、臀鳍和尾鳍等。鱼鳍主要用来保持鱼身体的平衡，帮助它转向和前进。

小小观察站

根据鱼在水中摇尾前进的原理，我国古代劳动人民造出了橹。

鱼是怎样睡觉的？

鱼在池塘里游来游去，奇奇看了它们好久，发现它们从来不闭上眼睛睡觉。奇奇问叔叔："鱼从来不睡觉吗？"

叔叔说："动物普遍需要睡觉、休息。鱼没有眼皮，所以，它们不会闭眼睛。它们一直睁着眼睛，你就很难发现它们是不是在睡觉。大多数鱼睡觉的时候会停止游动，一动不动地待在那里。不过，鱼睡觉的时间很短。"

迷你资料库

绝大多数的鱼类都没有眼皮，但是鲨鱼有眼皮。

眼皮（学名眼睑）是用来保护眼球的。人在睡觉的时候会合上眼皮，闭上眼睛。

鱼能听到声音吗?

奇奇问叔叔:“鱼能听到声音吗?它们听得见我说话吗?”

叔叔领着奇奇来到鱼塘边,鱼儿们正浮上水面来找食吃。叔叔高声咳嗽了一声,夸张地跺脚,鱼儿们忽地一下从水面消失了。“你看,鱼是听得到声音的。不然,它们不会被吓跑。”叔叔说。

迷你资料库

我国现有鱼类近3000种,其中淡水鱼有1000多种。

小小观察站

鱼有耳朵,只是,它的耳朵没有长在头部外面,而是长在头部里面。

海里的鱼为什么不是咸的？

奇奇和妈妈到海边游泳。奇奇尝了尝海水，发现海水又苦又咸。奇奇想到了腌鸭蛋，妈妈说过把鸭蛋放在盐水里腌，鸭蛋就会变咸。海里的鱼一直在咸水里泡着，为什么没有变成咸鱼呢？

妈妈说：“因为生活在海里的鱼的鳃里有一种特殊的细胞可以过滤海水，把海水变成淡水。虽然海水是咸的，但经过鱼鳃过滤，进入鱼身体的水就是淡水了。所以，生活在海里的鱼不会变成咸鱼。”

迷你资料库

大多数鱼生活在海水里。海洋面积占了地球总面积的71%，在广阔的海洋里，生活着各种各样、大大小小的鱼。

小小观察站

海水是最丰富的水资源，淡化海水是人类努力研究的课题。现在，科学家正在研制仿鱼鳃的海水淡化器，并已经取得了初步的成果。

河水结了冰，鱼会被冻死吗？

冬天时，奇奇看到有人在冰冻的河面上凿出一个洞，从冰窟窿里抓鱼。天这么冷，河水冻成了冰，鱼为什么不会被冻死呢？

叔叔告诉奇奇：“天寒地冻时，河面上结了厚厚的一层冰，这冰层就好像给河流盖上了一床大棉被。不管天气多冷，冰下面的河水都不会太冷，一般在4℃左右。只要河水不是从上到下完全冻结，鱼就不会被冻死，只不过不像夏天那样活泼了。”

迷你资料库

我们平时在超市购买的海鱼都是冷冻的，那是因为远洋船队在远海捕捞到鱼之后迅速把鱼冷冻，这样才能保鲜。

小小观察站

水在0℃时结冰。冬天，如果天气足够寒冷，河面上就会结冰。

鱼鳔有什么作用？

妈妈从菜市场买来一条鲤鱼，准备做红烧鱼。妈妈收拾鱼的时候，有一个充满气体的东西引起了奇奇的注意。这是什么？它是做什么用的？

妈妈说：“这是鱼鳔，是鱼调节浮力的器官。鱼可以通过给鱼鳔充气、放气来减小或者加大自身的比重，这样，鱼不用做任何运动就可以在水里缓慢上升或者下降了。”

迷你资料库

用鱼鳔加工制作鱼鳔胶在我国已有近千年的历史。中医认为鱼鳔是一味药材。

小小观察站

大多数鱼都有鳔。鱼鳔里含有比较多的氧气。在缺氧的环境中，鱼鳔可以作为辅助呼吸器官，为鱼提供氧气。

鱼为什么会长鳞片?

妈妈收拾鱼时，手上沾了些小圆片片。妈妈说这是鱼鳞。鱼身上为什么会长鳞片呢?

妈妈告诉奇奇："鳞片是鱼身体的保护层，使水中的小虫子和微生物不容易侵蚀鱼的身体。鱼的鳞片很光滑，鱼游来游去的时候，鳞片能减少鱼身体和水的摩擦，使它游得更快。鳞片也可以起到伪装的作用。鱼腹部的鳞片能反射光线，对手很难把那闪闪发亮的腹部与发亮的水面区别开来。"

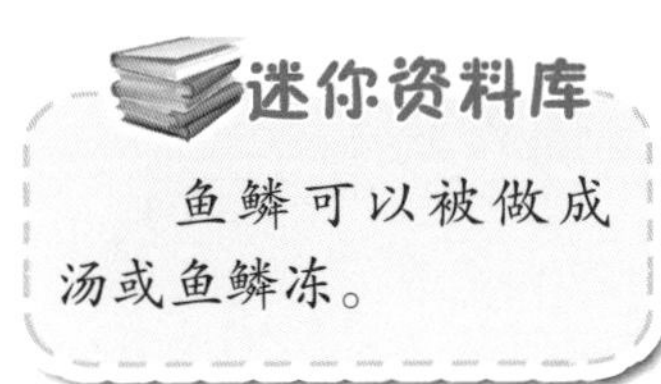

迷你资料库

鱼鳞可以被做成汤或鱼鳞冻。

小小观察站

人们杀鱼时习惯将鱼鳞刮掉。其实，经过加工，鱼鳞可以成为很有营养价值的美味佳肴。

有会爬行的鱼吗？

鱼会爬到陆地上来吗？有没有会爬行的鱼呢？

妈妈在科学杂志上看到，科学家发现了一种远古时代的鱼的化石，这种鱼会爬行。在斯里兰卡和印度等地的河塘里有一种攀鲈，当河塘里的水快要干涸时，它们会依靠鳍爬上岸，从陆地爬行到有水的地方去。上岸前，它们在嘴里含一口水，用来湿润鱼鳃，这样就可以正常呼吸了。

迷你资料库

会爬行的鱼只是鱼类当中极其特殊的例子，绝大多数鱼是在水里游的。

小小观察站

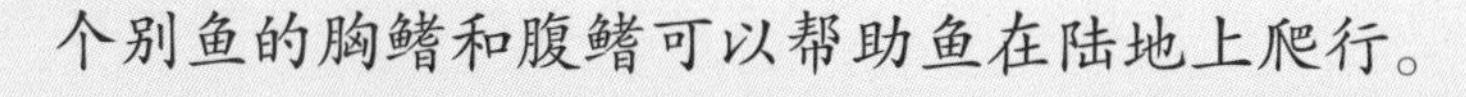

个别鱼的胸鳍和腹鳍可以帮助鱼在陆地上爬行。

为何鱼肚皮和脊背颜色不同？

奇奇在水族馆看鱼，发现有些鱼的脊背颜色发黑，肚皮却是白白的。这是为什么呢？

妈妈说："鱼的肚皮比较白，脊背的颜色比较深，这是鱼的保护色。阳光照在水面上，从水深处向上看比较明亮，鱼肚皮是白色的，吃鱼的动物就不容易发现它们；从水面往下看比较暗，鱼的脊背是深色的，不容易被它们的敌人发现。有些动物就是这样靠保护色来保护自己的。"

迷你资料库

鱼的皮肤上有一种杯状细胞，不断地分泌着黏液，减少鱼在水中的摩擦，同时，又保护它不受寄生生物、霉菌、细菌的侵入。此外，黏液还有沉淀水中浮泥的作用，能保证鱼体表面的光滑和鳃的清洁，让鱼顺利地呼吸。

小小观察站

为了适应偷袭的捕食方法以及防御敌人的攻击，有些鱼还会随着周围环境的变化而改变身体颜色。

所有的鱼都有眼睛吗？

玩捉迷藏时，奇奇用毛巾蒙上眼睛，眼前黑漆漆的，他几乎不敢迈步。奇奇想到了鱼，所有的鱼都有眼睛吗？没有眼睛的鱼是什么样子的？

妈妈告诉奇奇："有一种鱼叫盲鱼，它们生活在岩洞中的地下河或水潭里。盲鱼的祖先是有眼睛的，但由于长期生活在黑暗的环境里，眼睛逐渐退化，盲鱼最后就变成了瞎子。盲鱼的身体很小，是透明或者半透明的，非常漂亮。虽然没有眼睛，但是它的触须非常灵敏，可以帮助它在黑暗中寻找食物、寻找同伴。"

迷你资料库

鱼的眼睛一般长在头的两侧，但也有两眼集中在一侧的，还有两眼朝天的，更有凸出在外的。

小小观察站

鱼眼内的水晶体是球形的，只能看见较近的东西。所有的鱼都是近视眼，它们很难看到12米以外的物体。

哪种鱼是游泳冠军？

世界上的鱼有千千万万种，奇奇想知道，在所有这些鱼当中，哪种鱼游得最快？

妈妈告诉奇奇：“旗鱼是鱼类中的短距离游泳冠军。它平时的时速约为 90 千米，短距离的时速可以达到 120 千米，连最快的轮船也追不上它。”

迷你资料库

旗鱼是海洋中一种凶猛的大型食肉鱼类，身长 2~3 米，上吻凸出尖长，像一把锋利的长剑。

小小观察站

旗鱼的第一背鳍非常大，竖起来的时候像是一张扬起的风帆，又像扯开的旗帜，所以人们叫它旗鱼。

金鱼是怎么来的？

奇奇从幼儿园回来，发现桌子上摆着一个鱼缸，几条金鱼在鱼缸里游来游去。金鱼大大的尾巴摆来摆去，可漂亮了。这么漂亮的金鱼是怎么来的？

妈妈告诉奇奇：“金鱼的祖先是鲫鱼，它们从鲫鱼变成金鱼经过了很长的时间。人们通过改变鲫鱼的生活环境，使鲫鱼的身体发生变化，最后变成了金鱼的样子。”

小小观察站

金鱼属于观赏鱼类。我国是金鱼的故乡，用野生鲫鱼培育金鱼在我国已经有 1000 多年的历史了。

为何热带鱼的颜色特别鲜艳？

奇奇家有个水族箱，里面的热带鱼可漂亮了。奇奇看着热带鱼问道："热带鱼的身上为什么是五颜六色的？它们的颜色为什么那么鲜艳呢？"

妈妈说："热带鱼生活在热带水域里，那里有许多颜色鲜艳的珊瑚礁。热带鱼把自己打扮得花花绿绿，如果敌人来了，它们就赶紧隐藏到珊瑚礁里。鲜艳的颜色是最好的伪装，不仅可以帮助它们躲避敌害，也方便了它们捕食。"

迷你资料库

热带鱼对水的温度极为敏感。大多数热带鱼正常生活所需的水温在20～26℃，繁殖时在25～28℃。

小小观察站

热带鱼属于观赏鱼类，生活在热带水域里，品种很多，常见的有神仙鱼、孔雀鱼等。

青蛙是怎样捉害虫的？

上课时，老师讲到青蛙，说青蛙是捉害虫的能手。奇奇问老师：“青蛙是怎样捉害虫的？”

老师说：“青蛙的嘴巴又大又宽，可以吞下很大的害虫。青蛙的舌头很特别，舌根长在前端，舌尖却伸向里面，舌头前端分叉，上面有很多黏黏的液体。小飞虫从身边飞过时，青蛙张开大嘴，舌头从嘴巴里翻出来，把害虫粘住，卷到嘴里去。”

迷你资料库

1只青蛙每天能吃60多只害虫。从春季到秋季的七八个月中，1只青蛙可以消灭1万多只害虫。

小小观察站

青蛙是两栖动物，能在地上跳，也能在水里游，还会发出“呱呱”的叫声。

小蝌蚪真的是青蛙的孩子吗？

奇奇听老师讲“小蝌蚪找妈妈”的故事：小蝌蚪找不到自己的妈妈，又着急又伤心；东找西找，最后终于找到了，它的妈妈原来是青蛙。小蝌蚪真的是青蛙的孩子吗？

老师说：“小蝌蚪确实是青蛙的孩子。春天的时候，青蛙妈妈在水草上产卵，卵慢慢地变成蝌蚪。蝌蚪是黑色的，身体圆圆的，有一条长尾巴。蝌蚪一天天长大，先长出后腿，再长出前腿，尾巴渐渐地缩短退化，最后变成青蛙。”

迷你资料库

由于皮肤裸露，不能有效地阻止体内水分的蒸发，青蛙离不开水或潮湿的环境，怕干旱和寒冷。所以，大部分青蛙生活在热带和温带多雨地区。

小小观察站

一只青蛙在草丛中爬行，看上去有点迟钝，可是，当人一走近，它就猛地一跳，跳到那漂着浮萍的池塘里。

冬天，青蛙到哪里去了？

春天，青蛙妈妈产卵。夏天，青蛙在池塘里呱呱叫。秋天，青蛙还在池塘里。冬天，青蛙怎么就不见了呢？

妈妈说：“冬天，青蛙吃的苍蝇、蚊子等都没有了。没有食物可吃，青蛙只好钻到泥土里过冬。冬眠的时候，青蛙不吃不喝，一动不动。等到春暖花开的时候，青蛙才钻出洞来，开始新生活。”

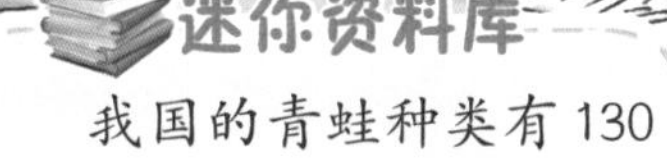

我国的青蛙种类有130种左右，它们几乎都是消灭森林和农田害虫的能手。

小小观察站

除了青蛙，蛇、狗熊、蝙蝠等动物也要冬眠。

癞蛤蟆有毒吗？

奇奇和妈妈在池塘边散步，一只模样很丑的蛤蟆跳过来。奇奇吓得抱住了妈妈，说："癞蛤蟆！有毒！"

妈妈说："癞蛤蟆学名叫蟾蜍，是蛙类的一种，也是捕捉害虫的能手。蟾蜍的背上有好多疙瘩，里面会分泌一种白色的毒液，这些毒液是用来对付天敌的。由于蟾蜍的样子不好看，身上疙疙瘩瘩的，所以被人们称为'癞蛤蟆'。有人说它身上有癞，人碰到就会被传染上。这种说法是不对的。"

蟾蜍和青蛙都在春天到水里产卵。区分蟾蜍卵与青蛙卵的方法是：如果卵结成的卵块是一团一团的，这就是青蛙的卵；如果许多卵排成两行，连成一条线，像一串珠子一样，这就是蟾蜍的卵。

蟾蜍的肉和皮含有毒液，都可以作为药材。但是，如果人误食了蟾蜍的毒液，就会引起中毒，严重的会造成死亡。

螃蟹为什么横着走？

这天，妈妈买的几只螃蟹从盆里爬了出来，在奇奇家屋里爬来爬去。奇奇发现，螃蟹走路的时候不是朝两只眼睛直视着的方向走，而是横着身子走路。螃蟹为什么横着走路呢？

妈妈说："螃蟹的8条腿长在甲壳的两侧，腿的关节只能向下弯曲。爬行的时候，螃蟹一侧腿的足尖抓地，另一侧腿伸直，使身体移动。所以，螃蟹只能横着走路。"

迷你资料库

并不是所有的螃蟹都只会横着走。比如，成群生活在沙滩上的和尚蟹就可以直着向前走。

小小观察站

螃蟹身上坚硬的甲壳可以保护螃蟹不受侵害，但是甲壳并不会随着身体的长大而变大。因此，隔一段时间，螃蟹就要蜕一次壳。

螃蟹生活在哪里？

妈妈把逃走的螃蟹从桌子底下抓了回来。奇奇问妈妈："螃蟹被抓起来以前生活在哪里呢？"

妈妈说："螃蟹有的生活在淡水中，有的生活在海水里。河螃蟹喜欢水质清洁、水草丰盛的江河湖泊，它们住在洞穴里，昼伏夜出。在池塘里生活的河螃蟹常常隐藏在池底的淤泥中。海螃蟹通常躲在礁石缝里，也喜欢住在洞穴中。"

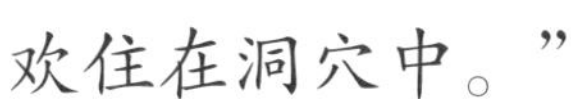

迷你资料库

地球上体形最大的螃蟹是蜘蛛蟹，其两螯伸展时两端相距可超过3.9米；最小的螃蟹是豆蟹，直径还不到半厘米。

小小观察站

新鲜的螃蟹肉非常好吃。但是，河螃蟹死了以后，不但没有了鲜味，人吃了还可能会中毒死亡。死亡但并未发出异味的梭子蟹，短时间内仍可食用。

招潮蟹的名字是怎么来的？

在海边，奇奇和朋友一起在沙滩上挖小螃蟹。奇奇挖到一只长有一只大钳子的小螃蟹，妈妈说这是招潮蟹。奇奇问："它为什么叫这个名字？"

妈妈告诉奇奇："招潮蟹生活在海滩上，退潮的时候，它们从洞中爬出来，挥舞着自己的钳子，好像在召唤潮水，让潮水快点涨起来，所以它们被叫作招潮蟹。"

迷你资料库

涨潮时，招潮蟹会切一小块圆形泥块带回自己的洞穴。它钻进洞中，把泥块当盖子盖住洞口。招潮蟹就呼吸被密封在洞里的空气，一直到退潮。

小小观察站

雄性招潮蟹的两只钳子大小悬殊。大钳子特别大，甚至比身体还要大，重量几乎是身体的一半，小钳子却非常小。

乌龟为什么喜欢缩头缩脑？

奇奇家养了一只小乌龟。奇奇用手指碰碰乌龟，乌龟受到惊吓，赶紧把头、尾巴和四只脚全缩进壳里去了。乌龟的头、尾巴和脚为什么能缩进壳里呢？

妈妈说：“乌龟的背上有一个坚硬的壳，这个壳是用来保护乌龟的。乌龟的骨骼和关节都非常灵活，一旦遇到危险，乌龟就收缩关节，迅速把头、尾巴和脚缩进壳里，这样谁都拿它没有办法了。”

迷你资料库

乌龟的天敌是老鼠、蚂蚁、蛇以及某些鸟类。老鼠对乌龟的危害最严重，能将乌龟咬伤，甚至咬死。蚂蚁主要危害乌龟的卵。

小小观察站

乌龟背上的壳是拱形的，能够承受很大的压力。

为什么有些龟的寿命特别长？

奇奇听妈妈说，龟是一种长寿的动物，人们经常用龟比喻长寿。龟为什么能长寿呢？

妈妈告诉奇奇："龟的寿命长是因为它们行动迟缓，新陈代谢比较慢，既耐饥饿又耐寒冷。但也不是所有的龟都长寿，有的龟能活到100岁以上，有的龟只能活到15岁左右。"

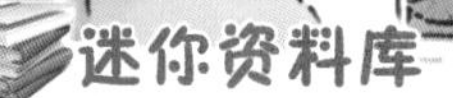

迷你资料库

象龟是世界上最大的陆地龟。它的龟壳长可达1.8米，最重可达375千克，寿命可以达到300~400岁。

小小观察站

乌龟是一种变温动物，在气温20℃以上时开始活动，寻找食物，气温在15℃以下时进入冬眠状态。

泥鳅为什么长胡子？

妈妈买回来几条奇怪的鱼，这种鱼的嘴巴旁边长着好几根胡须。

妈妈告诉奇奇："这种鱼叫泥鳅。泥鳅嘴巴周围的胡子（专业的叫法是口须）其实是泥鳅的触觉和味觉器官。因为泥鳅长年生活在水底有淤泥的地方，那里光线十分微弱，慢慢地，泥鳅的视力退化了，而它们的口须却发达起来，不仅有灵敏的触觉，同时还具有嗅觉。"

迷你资料库

泥鳅被称作"水中人参"，我国的古医书《本草纲目》中就记载了泥鳅的药用价值。

小小观察站

泥鳅既会用鳃呼吸又会用肠呼吸。它们把头伸出水面，用嘴吸入空气送到肠子里，吸收氧气后，再由肛门把废气排出。

为什么鸡不会游泳？

动物园里，奇奇看到鸭妈妈带着小鸭子在水里游泳，而小鸡却只能在地面上跑来跑去。这是为什么？

妈妈跟奇奇说：“鸭子会游泳首先是因为它们的脚上有蹼，脚蹼增加鸭子的浮力，也方便鸭子划水。同时，鸭子的尾巴尖儿上有一个可以分泌油脂的腺体，鸭子用嘴把油脂涂抹在羽毛上，羽毛上有了油，鸭子就像穿着一件防水的雨衣，大大增加了浮力。而鸡的脚上没有蹼，羽毛上也没有油，所以鸡没办法游泳。”

迷你资料库

家鸭的祖先是绿头鸭，也叫野鸭。野鸭本来是随着气候变化迁徙的候鸟，被人类驯养成家鸭后，逐渐丧失了迁徙和孵蛋的本能。

小小观察站

鸭子并不是由母鸭孵化的。母鸭生了蛋之后，由母鸡替它孵化，或者由人工孵化。

鸭子走路为什么一摇一摆的？

奇奇追着鸭子看它们走路，觉得它们走路的样子很奇怪，就去问妈妈："鸭子走路为什么一摇一摆的？"

妈妈告诉奇奇："鸭子大部分时间都在水上游泳。为了方便游泳，鸭子的脚长在身体比较靠后的位置上。上岸以后，由于托着身体的双脚并不在身体的重心上，要保持身体平衡，鸭子必须昂起头，挺起胸，身子向后仰，使身体的重心往后移。而鸭子的腿比较短，移动重心时，身体也随着摆动起来。所以，鸭子走路总是一摇一摆的。"

迷你资料库

咸鸭蛋是用新鲜的鸭蛋腌制的，腌制的方法多种多样。腌好的鸭蛋蛋黄出油，味道喷香，是大家喜爱的食物。

小小观察站

"春江水暖鸭先知"，这句话说的是，当冬去春来、气候变暖的时候，鸭子们在池塘或小溪里嬉戏，向人们报告春天到来的消息。

河蚌的壳上为什么有条纹？

奇奇和妈妈到餐馆吃饭，看到餐馆的水池里有不少被大大的贝壳包着的东西，贝壳上还有条纹。奇奇问妈妈：“这是什么东西？怎么贝壳上还有条纹？”

妈妈告诉奇奇：“这是河蚌。河蚌生长在江河、淡水湖泊以及池沼底下的泥沙里。贝壳上一圈一圈的弧线是它的生长线，河蚌越老，生长线越多，贝壳也就越大。”

迷你资料库

“鹬蚌相争”讲的是鹬鸟啄河蚌的肉，河蚌夹住鹬鸟的嘴，双方相持不下，结果都被老渔翁逮住了。

小小观察站

河蚌壳上的生长线和树木的年轮不大一样，树木的年轮代表了树的年龄，而河蚌的生长线并不代表河蚌的年龄。

迷你资料库

我国目前已知的河蚌有100多种。

河蚌会走路吗？

奇奇拿起一个河蚌仔细打量，他很疑惑：包在贝壳里的这个家伙有脚吗？它会走路吗？

妈妈说："河蚌是生活在淡水中的一种软体动物，扁扁的身体被两片对称而坚硬的壳保护着。吃东西或者走路的时候，河蚌会把壳打开，把扁扁的斧足从壳里伸出来，在泥沙地上行走。"

小小观察站

有的河蚌被人们用来培育珍珠，称为育珠蚌。由于天然珍珠产量有限，人们采用人工培育的方法生产珍珠。

蚂蟥为什么要叮人？

叔叔在水田里插秧的时候，一只蚂蟥爬到了他的腿上。叔叔用手使劲在腿上拍了拍，蚂蟥掉了下来。奇奇问叔叔：“蚂蟥为什么要叮人？”

叔叔告诉奇奇：“大多数蚂蟥靠吸食人或者牲畜的血和体液生存。蚂蟥每次吸血量很大，所以，即使每年只吸一次血也不会饿死。它们不但吸血，还会造成伤口流血不止，也可能引起细菌感染。”

迷你资料库

在古代，人们曾经利用蚂蟥的吸血习性来给病人放血治病。它的药用价值在我国古代的医书《本草纲目》中就有记载。

小小观察站

被蚂蟥叮了，千万不要用手拔它，那样它会越叮越紧，可以用力拍打附近部位，把蚂蟥震下来；也可以在蚂蟥身上涂盐水或肥皂水，迫使其松开吸盘自行脱落。

鳄鱼真的会吃人吗？

在动物园的爬虫馆里，奇奇看到了鳄鱼。看着这些趴在地上的大家伙，奇奇问妈妈："鳄鱼真的会吃人吗？"

妈妈说："鳄鱼性情凶残，它们一般白天睡在树荫下面或潜伏在水底，夜间出来寻找食物。鳄鱼喜欢吃鱼类和蛙类等小动物，很少主动袭击人类。当然，如果人类打扰了它，鳄鱼也会对人类发起攻击。"

迷你资料库

世界上现存的鳄鱼共有20多种，湾鳄、暹罗鳄以及我国特有的扬子鳄等都是比较有名的品种。

小小观察站

鳄鱼看上去非常凶恶，其实它胆子很小。比如，扬子鳄发现有人走近的时候会立即钻到洞里躲藏起来。

鳄鱼流眼泪是在哭吗？

奇奇正在看鳄鱼，忽然听到旁边的游客说："看，鳄鱼流眼泪了！"鳄鱼真的会流眼泪吗？它是在哭吗？

妈妈说："有一句俗话叫'鳄鱼的眼泪'，说的是假悲伤。鳄鱼在进食的时候会流出眼泪，但这并不是因为伤心，而是它在排出体内多余的盐分。在鳄鱼的眼睛旁边有分泌盐分的盐腺，鳄鱼吃东西的时候，盐腺就开始工作，排出一种盐溶液。"

迷你资料库

湾鳄是现存最大的爬行动物。鳄鱼的寿命一般为70~80岁，寿命长的可达100多岁。

小小观察站

鳄鱼虽是生活在水中的脊椎动物，但它用肺呼吸而不是用鳃，游泳时用尾而不用鳍，而且还具有四肢。所以，鳄鱼不属于鱼类。

小鸟飞到鳄鱼嘴里做什么？

在电视节目《动物世界》里，奇奇看到凶恶的鳄鱼对在它嘴边蹦蹦跳跳的小鸟非常友好。小鸟竟然飞到鳄鱼张开的嘴巴里，小鸟在做什么？

解说员解释说：“原来，小鸟是到鳄鱼的嘴巴里啄食食物的残渣。这样一来，小鸟吃饱了肚子，同时也帮鳄鱼清理了口腔。所以，小鸟和鳄鱼成了互相依赖的好朋友。”

迷你资料库

鳄鱼是与恐龙同时代的两栖爬行动物，大约2亿年前就在地球上生存了。因自然环境的变迁，恐龙逐渐灭绝，鳄鱼则繁衍至今。所以，科学家称鳄鱼为“活化石”。

小小观察站

鳄鱼虽然长着尖锐锋利的牙齿，但是它的牙齿不能撕咬和咀嚼食物。因此，鳄鱼只能用它的双颌把食物夹住，然后囫囵吞下肚去。

为什么人吃了河豚会中毒？

奇奇看到电视里的报道，说是有人吃河豚中毒了。奇奇想弄明白，人吃河豚为什么会中毒呢？

妈妈告诉奇奇："河豚的身体里有一种神经毒素，名叫河鲀毒素，毒性非常强。河豚有毒的部分主要是卵巢、肝脏、血液和皮肤等，而河豚鱼肉并没有毒。因为河豚味道鲜美，经常有人冒着生命危险去品尝，如果鱼肉处理得不干净，就会发生中毒事件。"

迷你资料库

河鲀毒素的毒性是氰化物的 1000 多倍，0.5 毫克即可致人死亡。

小小观察站

河鲀毒素有很高的药用价值，是一种高效镇痛药。

海豚能听懂人说话吗？

妈妈带奇奇到海洋馆看海豚表演。奇奇看到海豚按照训练员的命令做出各种动作，一会儿顶球，一会儿跳圈，真听指挥！海豚居然能听懂训练员阿姨说的话！

妈妈说："海豚其实听不懂人说话，它们能够按照训练员的命令做出各种动作，是长时间训练的结果。训练时，训练员拿一些海豚喜欢吃的东西来，海豚做好一个动作之后，训练员就奖励给它们一些吃的。经过这样反复训练，海豚慢慢熟悉了训练员的命令，就会根据命令做出相应的动作了。"

迷你资料库

全球现有海豚约 17 种，分布在世界各大洋、内海及河流中。

小小观察站

除人以外，海豚的大脑是动物中最发达的。人的大脑约占本人体重的 2.1%，海豚的大脑约占它体重的 1.17%。

为什么海豚会救人？

奇奇从电视上看到，在一个海滨浴场，一只海豚救起了一个溺水的人。海豚为什么会救人呢？

妈妈说：“海豚救人的行为来源于海豚照料子女的天性。海豚是用肺呼吸的哺乳动物，它们在游泳时，需要把头露出海面呼吸。小海豚出生以后要尽快到水面呼吸。如果发生意外情况，海豚妈妈就会用嘴轻轻地把小海豚托起，或用牙齿叼住小海豚的胸鳍，使它露出水面，直到小海豚能够自己呼吸为止。这种照料幼儿的行为是海豚的本能。所以，海豚遇到溺水的人就会出于本能地把人推出水面，使人得救。”

迷你资料库

海豚的潜水纪录是300米深，而人不穿潜水衣只能下潜20米。海豚的游泳速度可达每小时50千米。

小小观察站

海豚喜欢集体生活，少则几只、多则几百只聚集在一起。

海马是生活在海里的马吗？

参观海洋馆的时候，奇奇一下子就在一群小鱼中看到了海马。奇奇问妈妈："海马是生活在海里的马吗？"

妈妈解释说："海马并不是生活在海里的马，而是一种生活在浅海中的、奇特而珍贵的小型鱼类。因为它的头部长得很像马，所以才有了'海马'这个名字。"

迷你资料库

海马是一种名贵中药，药用价值很高。

小小观察站

海马的头部像马，眼睛像蜻蜓，身体像虾，尾巴像大象的鼻子。它的头和身体呈直角，游泳的时候，它的身体几乎是直立的。

小海马是海马爸爸生的吗？

奇奇问妈妈：“老师说小海马是海马爸爸生的，怎么会是这样呢？”

妈妈解释说：“目前，在我们了解到的所有动物当中，海马是唯一一种由雄性怀孕的动物。海马爸爸的肚子上有一个育儿袋，海马妈妈把卵产到海马爸爸的育儿袋里，由海马爸爸负责照料这些卵。经过几周的时间，卵孵化成小海马，一只一只从爸爸的育儿袋里跳出来。”

迷你资料库

全世界大约有50种海马。以颜色来区分海马的种类并不是一个可靠的方法，因为海马大都能在短短的几分钟之内改变体色，由黑色或灰色变成鲜艳的黄色或橘红色。

小小观察站

海马利用尾巴的蜷曲能力，把尾巴缠在海藻上，固定住身体，可以长时间地静止不动，隐藏在水草或者珊瑚丛中。

谁是世界上最大的哺乳动物？

老师跟小朋友们讲，由妈妈直接生出宝宝、并由妈妈给宝宝喂奶的动物称为哺乳动物。奇奇问老师："世界上最大的哺乳动物是什么？"

老师告诉大家："蓝鲸是世界上最大的哺乳动物。成年的蓝鲸身长有30米左右，体重约170吨。它的体重超过25只非洲象体重的总和，相当于2000~3000个人的重量总和。"

迷你资料库

半个世纪以前，全世界的蓝鲸大约有30万头，到1960年剩下不到50头，现在大约有3000~4000头。

小小观察站

蓝鲸的主要食物是磷虾。蓝鲸没有牙齿，吃东西的时候，它张开大嘴吞进大量海水，海水中的磷虾就随着海水一起被吞了进去。

为什么说鲸不是鱼？

电视节目里，一头巨大的鲸游了过来。奇奇说：“看，鲸鱼来了！”妈妈听到了，纠正奇奇说：“鲸可不是鱼。”

妈妈解释说：“鲸是海洋哺乳动物，由于长时间在水里生活，它的前肢变成了鱼鳍形状，后肢退化成一对小骨片，尾巴也变成尾鳍了。鱼用鳃呼吸，我们人类是用肺呼吸的，而鲸也是用肺呼吸。鱼是卵生的，而鲸是胎生，小鲸靠吃鲸妈妈的奶长大，所以说鲸是哺乳动物。但因为鲸长得很像鱼，所以有些人误以为鲸是鱼类。”

迷你资料库

鲸分为两大类，一类是须鲸，没有牙齿，有鲸须，两个鼻孔；另一类是齿鲸，有牙齿，没有鲸须，一个鼻孔。

小小观察站

鲸妈妈一般一次只生一头小鲸。小鲸出生后大约有半年的时间要靠吃鲸妈妈的奶生长。

鲸为什么会喷水？

电视节目里，一头鲸从水面下浮上来，头上竟然喷出巨大的水柱来，就像喷泉一样。奇奇十分惊讶地问："这是怎么回事？鲸为什么会喷水呢？"

妈妈解释说："鲸也像游泳的人一样，需要不断地浮出海面呼吸空气。每次呼吸，鲸先要将肺里面的二氧化碳等废气排出来。这股强有力的气流冲出鼻孔时，喷射的高度大约有十米，把附近的海水也一起卷起来，使海面上出现一股水柱，远远望去就像一个喷泉，同时还发出好像火车汽笛一样的声音，可壮观了。"

迷你资料库

鲸的繁殖能力比较低，平均两年才能产下一头幼鲸。由于人类的捕杀和海洋环境的污染，鲸的数量急剧减少。在地球上生存了五千多万年的鲸，许多种类已濒临灭绝。

小小观察站

鲸的大脑中有一种细胞，能发出并且接收超声波。这种超声波能帮助它们遨游大海不会迷航，也能帮助它们及时发出求救信号。

大鲨鱼会咬人吗？

参观海洋馆的时候，奇奇看到了鲨鱼。鲨鱼张着大嘴游了过来，模样十分吓人，奇奇不禁问道："大鲨鱼会不会咬人啊？"

妈妈告诉奇奇："鲨鱼的食物主要是各种鱼。海洋学家认为，鲨鱼更喜欢吃肥而油腻的食物，比如海豹、海象等。鲨鱼不会主动攻击人类，我们听到的鲨鱼咬人的报道，大都是因为人类侵入了鲨鱼的领地。"

迷你资料库

根据化石考察和科学家们推算，鲨鱼早在4亿年前就已经存在，至今外形都没有多大改变，这说明它的生存能力极强。

小小观察站

和其他鱼类不同，鲨鱼没有鱼鳔，如果不一直游泳，就会沉到海底去。因此，鲨鱼特别善于游泳。

鲸为什么会搁浅“自杀”？

奇奇在电视里看到一群鲸不顾一切地冲上海岸，搁浅在沙滩上。鲸为什么会游到岸上来集体“自杀”呢？

妈妈告诉奇奇：“鲸的集体‘自杀’一直是未解之谜。有动物学家认为，鲸登陆的原因可能是回声定位系统出了问题，鲸迷失了方向，游向陆地。也有动物学家认为，有一种叫作鲸虱的寄生虫在鲸的皮肤上捣乱，鲸要摆脱它们，就要游到比较浅的海水里去。而在浅水区域，海水退潮，鲸就搁浅了。”

迷你资料库

鲸的潜水能力非常强，小型齿鲸可以下潜到100～300米深处，停留4~5分钟；长须鲸可以在水下300~500米处待1个小时；最大的齿鲸抹香鲸能下潜到1000米以下，在水中持续待2小时。

小小观察站

因为鲸鱼食量很大，而且体型庞大，其体内含有大量甲烷气体，一旦搁浅，经过暴晒，处置不当的话，便会发生爆炸。

怎样营救搁浅的鲸？

奇奇为那些在海滩上搁浅的鲸担心。他问妈妈："当鲸搁浅的时候，我们应该怎样营救它们呢？"

妈妈告诉奇奇："鲸生活在海洋里，离不开海水。如果离开了海水，它们的身体温度过高，皮肤就会皴裂。所以，我们要不停地往鲸身上浇海水，把棉麻布弄湿盖在鲸身上。接下来，要用适当的工具来搬运，一般是用担架或者网兜，把鲸运到浅水里去。"

迷你资料库

尽管国际捕鲸委员会自20世纪80年代起规定禁止商业捕鲸，但鲸类仍被大量猎杀。

小小观察站

鲸的身上没有毛，也没有鳞，皮肤上没有汗腺，皮下有很厚的脂肪层。

鲨鱼的牙齿为什么长得很怪？

奇奇在电视里看到一个牙膏广告，里面有个小朋友说，他想要自己的牙齿像鲨鱼的牙齿一样坚固。奇奇问妈妈："鲨鱼的牙齿真的特别坚固吗？"

妈妈给奇奇解释说："鲨鱼的牙齿非常特殊，不是一排，而是有 5~6 排。最外面的一排是正在使用的，其余几排都是备用的。如果最外面一排的牙齿脱落，里面的牙齿马上就向前移动，补上这个位置。同时，在鲨鱼生长过程中，较大的牙齿还要不断取代小牙齿。因此，鲨鱼在一生中要更换数以万计的牙齿。"

迷你资料库

被称为"海中霸王"的鲨鱼遍布世界各大海洋。鲨鱼的种类有大约 300 种，在中国约有 130 种。

小小观察站

鲨鱼的牙齿，有的锋利得像刀片，可以切割食物；有的像锯齿一样，可以撕扯食物；还有的是扁平的，可以用来压碎食物的外壳和骨头。

石斑鱼真的像石头吗？

奇奇听说有一种鱼叫作石斑鱼，便很想知道：它们长得像石头吗？

妈妈告诉奇奇："石斑鱼是一种底栖性鱼类，喜欢单独生活在水质清澈的海底暗礁丛中。它们身上布满斑点和条纹，远远看上去就像一块石头。这是为了和它们生活的环境相适应，避免被天敌发现。"

迷你资料库

石斑鱼种类繁多，全世界有100多种，我国沿海有30多种。

小小观察站

石斑鱼是典型的肉食性鱼类，它们特别喜欢吃鲜活的动物，鱼、虾、蟹、章鱼等都是它们的捕食对象。

为什么比目鱼的眼睛长在同一侧？

在水族馆里，奇奇看到了比目鱼，觉得这种鱼奇怪极了，不禁发问："比目鱼的两只眼睛为什么会长在身体的同一侧？"

妈妈说："比目鱼的两只眼睛长在身体的同一侧，是它长期适应环境的结果。比目鱼喜欢平卧在海底，身体的颜色接近海底沙土的颜色，两只眼睛警惕地注视着上方，既方便捕食，又可以随时躲避敌害。"

迷你资料库

古代人认为，比目鱼只有一只眼睛，行动很不方便，需要两条鱼贴在一起，有眼的一侧朝外，结伴而行。其实，这种说法是错误的。

小小观察站

大约在孵化出来二十天之后，比目鱼的眼睛开始向头的上方移动，直到两只眼睛接近时才停止。

电鳗真的会放电吗？

在水族馆里有一种鱼叫电鳗。电鳗真的会放电吗？

妈妈说："电鳗真的会放电。电鳗的身体形状像鳗鱼，尾部占了身体的大部分。在它的脊椎骨两边，排列着2对由特殊的肌肉组织所构成的强力发电器官，里面有无数的发电板。成年的电鳗能从尾端发出600~800伏特的强力电流，是世界上发电能力最强的鱼类。"

迷你资料库

电鳗是生活在热带及温带的淡水鱼。虽然它们的体形像鳗鱼，但它们在生物分类上和鲶鱼更为接近。

小小观察站

电鳗的身上没有鳞片，没有背鳍和腹鳍，但腹部到尾部前端有很发达的臀鳍。电鳗使用发达的臀鳍划水，能向前向后自由游动。

墨鱼是鱼吗？

在水族馆里，奇奇看到了有好多触手的墨鱼。这个奇怪的家伙也是鱼吗？

妈妈说："我们平常叫的墨鱼大多是乌贼，虽然人们习惯把它叫作鱼，实际上它并不是鱼。鱼有脊椎，墨鱼没有；鱼用鳍游泳，而墨鱼靠腹部下面的漏斗喷水推动自己前进。墨鱼是一种软体动物，和牡蛎、扇贝等同属一个大家族。墨鱼本来也有贝壳，为了更好地游泳，它的贝壳逐渐退化，成为一个石灰质的小舟板。"

迷你资料库

雌墨鱼寿命很短，只有约一年，终其一生产卵一次，一次300~500颗，产完卵后随即死亡，由雄墨鱼负责照顾下一代。

小小观察站

墨鱼游泳时，会收缩腹部下面的漏斗状肌肉，把进入漏斗的水猛地喷出来，由此产生极大的反作用力，使它快速前进。

乌贼为什么能喷出墨汁？

一条鲨鱼朝乌贼游过来，乌贼喷出一股股墨汁，嗖地一下逃走了。乌贼为什么能喷出墨汁来？

妈妈说："乌贼的身体下方有一个墨囊。乌贼用自己的墨腺制造出墨汁，储存在墨囊里。当乌贼遇上强敌的时候，它就喷出一股股墨汁来。墨汁在水中散成烟雾形状，就像'烟幕弹'，能吓敌人一大跳。而且，这种墨汁里含有麻醉剂，可以麻痹敌人的嗅觉，还能麻醉小鱼、小虾，乌贼可以乘机捕食。"

迷你资料库

乌贼一般能连续施放五六次"烟幕弹"，持续十几分钟，在5分钟内可以将5000升水染黑。有一种大王乌贼，它喷出的墨汁能把上百米范围内的海水染黑。

小小观察站

乌贼储存墨汁需要花相当长的时间。因此，不到万不得已，乌贼不会喷出它的墨汁。

乌贼和章鱼是同一种动物吗？

看到乌贼，奇奇想起以前见过的章鱼。他问妈妈：“乌贼和章鱼是同一种动物吗？”

妈妈说：“乌贼和章鱼不是同一种动物。虽然它们都是软体动物，但是，章鱼只有8条腕，而乌贼有10条腕；章鱼具有概念思维，能够独自解决复杂的问题，乌贼则不能；章鱼的身体没有固定形状，乌贼的身体里有硬壳，身体较为扁平、宽大。”

迷你资料库

章鱼有惊人的变色能力，可以使肤色和周围的环境协调一致。

小小观察站

如果章鱼的腕被敌人捉住，它会扔掉一两条腕飞快地逃命。章鱼的腕断掉以后，伤口会迅速愈合，不久以后又长出新的腕。

海星的嘴长在哪里？

在海边的沙滩上，有人在叫卖海星。海星趴在地上，像一个五角星。奇奇马上问道：“海星也是动物吗？它也有嘴吗？它会吃东西吗？”

妈妈说：“海星没有头，也没有尾巴，只是扁扁的一个体盘，通常有五条胳膊，像一个星星。其实，海星是一种凶猛的食肉动物。它的嘴就长在体盘的中间，隐藏在身体下面，不容易被发现。”

迷你资料库

海星有大有小，小的2~5厘米，大的有90厘米。海星的身体有好多种颜色，最常见的有橘黄色、红色、紫色、黄色、青色等。

小小观察站

海星与海参、海胆属于同一类动物。它们通常有5个腕，但是也有4个或6个的，最多的有50个腕，在这些腕下面排列着4排管足。

海星真的能吃掉贝类动物吗？

奇奇听说海星的食物是贝类动物，非常惊讶。贝类动物都有坚硬的贝壳，海星是怎样吃掉它们的呢？

妈妈说："我们来看海星捕食。海星发现了一个贝壳，它慢慢地走过去，接近它，然后突然伸出管足捉住贝壳，再用整个身体包住它。海星用管足上的吸盘把贝壳的壳打开，然后把自己的胃从嘴里伸出来，在胃里的消化酶的帮助下吃掉贝壳。"

迷你资料库

全世界有大约 1600 种海星，分布在世界各地的海底或者珊瑚礁上。

小小观察站

海星还有一种特殊的能力——再生。海星的体盘和腕受到伤害或者自行切断以后，能够自然再生。

海葵是生长在海里的葵花吗？

在海洋馆，奇奇看到了漂亮的海葵，他问妈妈：“海葵是生长在海里的葵花吗？”

妈妈说：“海葵的外表很像植物，看上去好像一朵葵花，它的名字也是这样得来的。实际上，海葵是一种食肉动物，它没有骨骼，用触手捕食，嘴长在身体下面的口盘中央。”

迷你资料库

全世界共有海葵 1000 种以上，分布在各大海洋中。

小小观察站

海葵的触手上长满倒刺，能刺穿猎物的身体，同时也会分泌一种毒液，这种毒液可以麻痹进攻的敌人或者捕获的食物。

水母会咬人吗？

海滨管理员说，这一带海域发现了水母，请大家不要到远离海岸的地方游泳。奇奇问妈妈："为什么不能跟水母一起游泳？水母会咬人吗？"

妈妈说："水母不会咬人，但是水母会伤人。水母的外形就像一把透明的雨伞，伞状体的边缘还有一些带子形状的东西，这是水母的触手。水母的触手上布满了刺细胞，像粘在触手上的一颗颗小豆子。这种刺细胞能射出有毒的丝，当遇到敌害或猎物时，水母就会射出毒丝，把敌害吓跑或毒死。"

迷你资料库

全世界的水母已知的大约有 250 种，直径从 10 厘米到 100 厘米不等。我国常见的水母有 8 种，其中包括海蜇。

小小观察站

有很多水母会发出美丽的光。有的水母发银光，我们叫它银水母；有的水母闪耀着彩霞的光芒，我们叫它霞水母。

海参遇到敌人怎么办？

水族馆里的海参是圆滚滚的一团，躺在水底的泥沙地上。如果有大鱼游过来，会不会一口把它吃掉？

妈妈说："海参遇到敌害进攻无法脱身时，会急忙收缩身体，迅速把自己的内脏从肛门抛出来。在敌害迷惑不解的时候，海参便乘机逃跑。海参丢掉自己的内脏之后并不会死，几个星期之后，它又重新长出了完整的新内脏。据观察，海参一生中可以多次排出内脏，又重新长出新内脏。"

迷你资料库

现在全世界已知的海参有900多种。不过，大多数海参有毒，不能食用，只有20多种海参是人类餐桌上的美味佳肴。

小小观察站

与冬眠的动物不同，刺参选择夏眠。夏眠期间，刺参不吃也不动，腹部朝上，紧紧挨着海底岩石躺着。

海胆和刺猬是亲戚吗？

奇奇在海滩上发现了一个深褐色的圆球，身上长满了长短不一的棘刺，就像刺猬一样。妈妈告诉奇奇，这是海胆。海胆和刺猬长得这么像，它们是不是亲戚？

妈妈说：“海胆虽然长得像刺猬，但是它和刺猬是毫不相干的两种动物。海胆是一种无脊椎动物，和海星、海参是近亲，在地球上已经生存了上亿年。”

迷你资料库

全世界已发现的海胆有900多种。我国有100多种，其中有10多种可供食用。

海胆依靠身上的棘刺行走，行动缓慢。它白天隐藏在石礁缝隙里，夜晚外出寻找食物，食物种类十分丰富。

珊瑚是动物还是植物？

奇奇在水族馆里看到了美丽的珊瑚，像树枝一样。奇奇问妈妈："珊瑚是动物还是植物？"

妈妈说："大海里的珊瑚礁是由珊瑚虫的骨骼组成的。珊瑚虫是一种腔肠动物，它们捕食海洋里的浮游生物，吸收海水中的钙和二氧化碳，然后分泌出石灰石，作为自己的外壳。每一个单体的珊瑚虫只有米粒大小，它们一群一群地聚居在一起，一代代地生长，不断地分泌出石灰石，黏合在一起，形成了珊瑚礁。"

迷你资料库

珊瑚虫喜欢生长在温度比较高的海水里，最适宜的温度是22~32℃。如果温度低于19℃，珊瑚虫将无法生存。

小小观察站

珊瑚虫和水母、海葵是近亲。它们也有触手，触手上也有含毒液的刺细胞。珊瑚虫依靠触手捕捉食物，抵抗敌人。

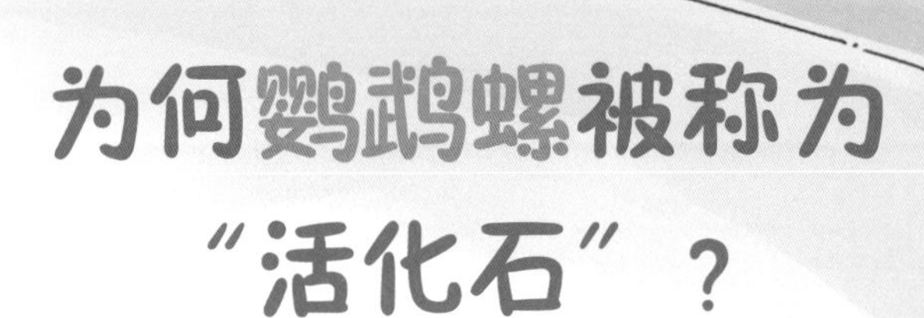

为何鹦鹉螺被称为“活化石”？

海洋馆的水族箱里，有几只美丽的鹦鹉螺正趴在礁石上一动不动。解说员说，鹦鹉螺是非常珍贵的“活化石”。

原来，鹦鹉螺已经在地球上生活了5亿年，在研究动物进化方面有很高的价值。鹦鹉螺的内部构造非常独特，螺壳的内腔由隔层分为30多个壳室。鹦鹉螺历经数亿年的演变，外形的变化却非常小。

迷你资料库

鹦鹉螺属于底栖动物，平时多在100米的深水底层靠腕部匍匐前进。

小小观察站

鹦鹉螺的内部构造非常精密。人类模仿鹦鹉螺依靠排水、吸水来上浮和下沉的方式，制造出了第一艘潜艇。

飞鱼是怎样飞行的？

在电视里，奇奇看到几条飞鱼飞出水面，便问妈妈：“鱼怎么会飞呢？”

妈妈说：“其实，飞鱼并不是真正会飞。飞鱼像鸟一样的‘翅膀’是它的胸鳍，这种胸鳍比一般鱼的胸鳍大很多。飞鱼起飞之前，先在水中快速游泳，胸鳍紧贴在身上，尾巴用力划水，使身体向空中飞去。跃出水面之后，飞鱼张开胸鳍向前滑翔。这时候，飞鱼的胸鳍并不扇动，只是靠推动力向前滑翔。”

迷你资料库

当风力适当的时候，飞鱼能在离水面4~5米的空中飞行200~400米。这是飞鱼比较好的飞行纪录。

小小观察站

飞鱼生活在海洋上层水域。它们飞起来大多是为了逃避金枪鱼、剑鱼等大型鱼类的追逐。

大海里真的有美人鱼吗？

奇奇喜欢人鱼公主的故事，他问妈妈："大海里真的有美人鱼吗？"

妈妈告诉他："虽然在童话和传说里有好多美人鱼的故事，但是到目前为止，人们还没有发现真正的美人鱼。传说中的美人鱼实际上是一种名叫儒艮的动物。儒艮妈妈在给孩子喂奶的时候，像人一样把孩子抱在怀里。人们看到了它的样子，以为它是美人鱼。"

迷你资料库

儒艮和陆地上的亚洲象有着共同的祖先，已经有2500年的海洋生存史，是珍贵稀有的海洋哺乳动物，目前濒临灭绝。

小小观察站

儒艮最喜欢的食物是海草，它是海洋中唯一的食草性哺乳动物。

水牛为什么喜欢泡在水里？

在介绍江南水乡的电视节目里，奇奇看到了泡在水塘里的牛。妈妈告诉他："这是水牛，水牛就喜欢泡在水里。"

可是，这是为什么呢？

妈妈说："水牛的汗腺不发达，它身体里的热量不容易散发出来，泡在水里可以帮助它降温。"

迷你资料库

水牛属有两个亚属，一个是亚洲水牛属，另一个是非洲水牛属。

小小观察站

亚洲水牛约在公元前4000年被驯化，从此开始帮助人类劳作。野生的水牛现在已经非常少了。

河马和马有关系吗？

奇奇到动物园里看河马。他很想知道，这个叫河马的大家伙和马有关系吗？

妈妈告诉他：“我们叫它河马是因为它的面孔长得和马有点像，其实它和马一点儿亲戚关系也没有。河马身体肥胖，四腿短粗，一张大嘴上方却长了两只小小的凸出的眼睛，耳朵很小，还有两颗巨大的下犬齿。”

迷你资料库

河马看起来高大笨重，但是它们跑起来比最快的短跑运动员还快，时速最快可以达到60千米。

小小观察站

河马被太阳晒了以后，皮肤会流出一种液体，很像是血，因此有了“河马出血汗”的说法。其实，这种液体既不是汗也不是血，而是一种类似防晒乳的物质。

河马的眼睛为何长在头顶上？

奇奇注意到，河马的眼睛长在头顶上，这是为什么？

妈妈告诉他："河马喜欢泡在水里，为了方便在水中生活，河马的眼睛、鼻子和耳朵几乎都长在头顶上。其实，这是动物适应生活环境而进化的结果。河马把巨大的身体浸入水中，隐藏起来，只是稍稍露出脑袋，就可以观察周围的动静了。"

迷你资料库

河马的寿命是30~40岁。母河马25岁时便停止生长，体重一般不会超过1500千克；而公河马成年以后还会生长，体重可能超过3000千克。

小小观察站

河马的鼻孔、眼睛和耳朵上还长有一种专门防止水流进去的"盖子"。当河马潜泳时，这种奇妙的"盖子"就自动关闭。

螃蟹和虾煮熟后为何会变红？

奇奇注意到，螃蟹和虾活着的时候是青灰色的，可是煮熟了以后，它们的外壳就变成了红色。这是为什么呢？

妈妈给奇奇解释："螃蟹和虾的身体里都含有一种叫'虾青素'的色素，它们活着的时候，虾青素和蛋白质结合在一起，虾和蟹就呈现青灰色或蓝色。在加热虾和蟹的时候，虾青素和蛋白质分解，虾青素分离出来之后，经过氧化作用，变成红色的虾红素，所以，熟了的虾和蟹也就变成了红色。"

迷你资料库

虾青素广泛存在于自然界，具有抗氧化能力，可以提高动物的免疫力。

小小观察站

吃螃蟹在我国有悠久的历史。秋天是吃螃蟹的最好季节，每年九、十月份的螃蟹肉厚黄多，味道鲜美。

螃蟹为什么吐泡沫？

中秋节时，妈妈买来螃蟹。奇奇想要观察螃蟹。他让妈妈把螃蟹放在大盆里，发现螃蟹都在吐泡沫。这是怎么回事？

妈妈说："螃蟹是生活在水里的动物。它和鱼一样用鳃呼吸，只是它的鳃和鱼的鳃不一样。螃蟹经常要到岸上来找吃的，它离开水后并不会死，是因为鳃里仍残存着许多水分，还可以不停地呼吸。时间长了，螃蟹的鳃和空气的接触面积加大，吸入的空气过多，鳃里的水分就会和空气一起被吐出来，形成一个个小气泡。许许多多的小气泡堆积成了白色的泡沫。"

迷你资料库

绝大多数种类的螃蟹生活在海里或靠近海洋的地方，也有少数螃蟹生活在淡水里或者陆地上。

小小观察站

螃蟹是甲壳类动物，它们的身体被硬壳保护着。在生物分类上，螃蟹与虾和寄居蟹算是同类的动物。

船为什么能浮在水面上?

奇奇和妈妈登上一艘轮船，轮船向大海里驶去。奇奇觉得很奇怪：钢铁制造的轮船那么重，为什么能浮在水面上呢?

妈妈说：“放在水里的东西都受到水对它的一种‘托力’，这种力叫浮力。当物体受到的浮力大于自身的重量时，物体就可以浮在水面上。船虽然很大，可是它中间是空的，它排开水的重量（即浮力）远远大于自身的重量，所以它能浮在水面上。”

迷你资料库

按照用途，船分为民用船和军用船两大类。民用船有客船、货船、渔船、气象船、科学考察船等，还有救生艇、打捞船、破冰船等；军用船有炮艇、鱼雷快艇、登陆舰、巡洋舰、驱逐舰、护卫艇、潜艇、航空母舰等。

早在公元前6000年，人类已经在水上活动。人们试着骑到水中漂浮的较大的木头上，从而想到了造船。

气垫船离开水面怎样行驶？

在海边，奇奇看到了一种奇怪的船，它居然能离开水面行驶。这种船怎么有这种本事？

妈妈告诉奇奇："这种船叫气垫船。气垫船行驶的时候，一边向后喷气，一边向下喷出又急又快的气流。这种向下的气流把船托起来，在船和水之间有一层空气，好像气垫一样，所以它叫气垫船。气垫船行驶阻力小，速度快，还可以在沼泽地区飞快地行驶，这些优点都是其他船只所没有的。"

迷你资料库

目前的大型气垫船载客可达上千人，最高时速可以达到100千米。

小小观察站

气垫船的最大优点是它在地面和水面上能同样行驶，在地面上行驶时也不需要修筑公路，非常方便。

破冰船为什么能破冰？

奇奇听老师说，有一种船叫作破冰船，它能在冰冻的海面上破冰前进。破冰船为什么能破冰呢？

老师说："破冰船是专门为破冰设计的，船体结实，船壳钢板厚，而且船体宽，船身短。遇到冰层时，破冰船就把翘起来的船头压到冰上去，靠船头的重量把冰压碎。如果冰层太厚，破冰船就往后退一段距离，然后猛地冲上去，把冰撞碎。"

迷你资料库

在芬兰，有一艘全球唯一的观光破冰船——三宝号，可以搭载游客航行，让游客亲眼看见破冰的过程。

小小观察站

遇到船身被冰层夹住时，破冰船用摇摆的方法从困境中解脱。破冰船有专门的设备，可以使船身左右摇摆。

潜艇是怎样潜到水下的？

潜艇可以下沉到海洋深处航行，就像鱼一样。奇奇很想知道，潜艇是怎样沉到水下的？

妈妈说："鱼靠鱼鳔调节自身的比重，使自己浮上水面或者潜入水底。潜艇有压载水舱，它要下沉的时候，打开水舱的进水阀门，让海水迅速灌满各个水舱，潜艇的重量增加了，就潜下去了；当潜艇要浮上来的时候，它就打开排水阀门，用压力把水舱里的水压出去，潜艇就浮上来了。"

迷你资料库

潜艇按照作战使命划分，可分为攻击潜艇、辅助潜艇和战略潜艇；按照动力划分，可分为常规动力潜艇和核潜艇。

小小观察站

潜艇的外形被设计成流线型，这是为了减少水下运动时受到的阻力，保证潜艇在水下行动自如。

为什么潜艇不怕风浪？

海上风暴要来临的时候，船只都回到港湾里躲避。可是，潜艇却不需要躲避。“为什么潜艇潜到水下就不怕风浪了？”奇奇问妈妈。

妈妈说：“其实，当海面上狂风大作、波涛翻滚的时候，在海面下的一定深度，却是平静的世界。因为波浪从海面向海底传播时不断减弱，最后完全消失。因此，潜艇在水下不会受到风浪的影响。”

迷你资料库

最早用潜艇袭击军舰的事件发生在1776年9月。当时，美国人发明的“海龟号”潜艇偷袭了停泊在纽约港的英国军舰“老鹰号”。这次偷袭并没有成功。

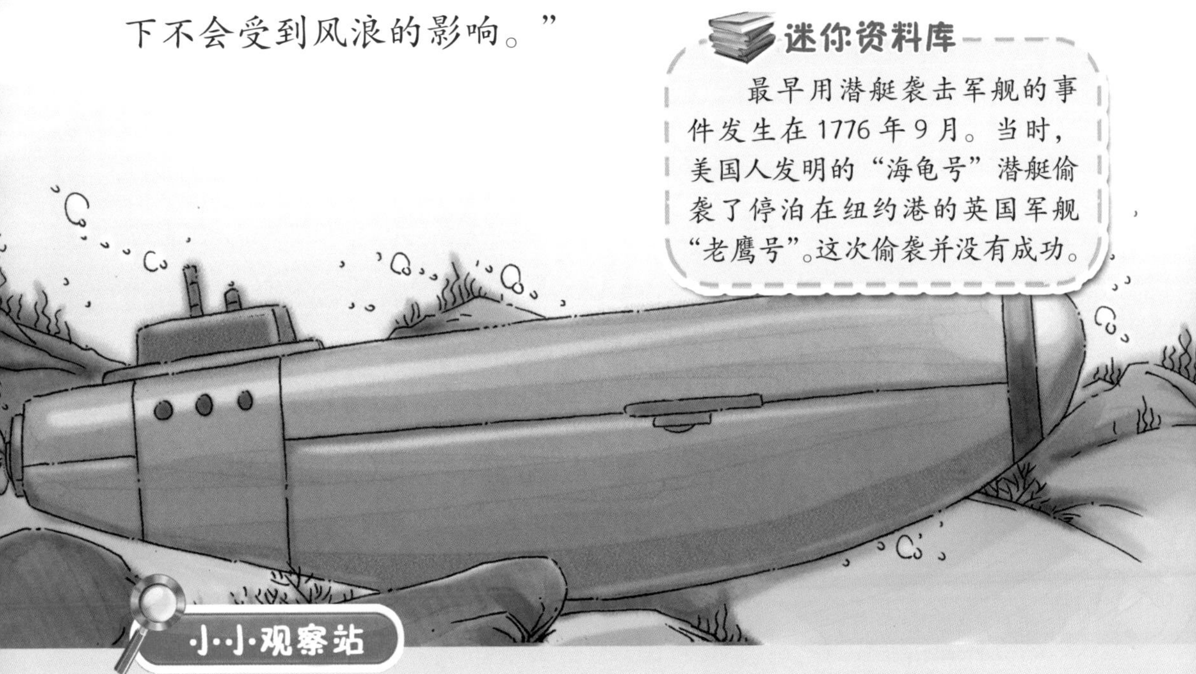

小小观察站

潜艇能利用水层掩护进行隐蔽活动，对敌方实施突然袭击，还能在水下发射导弹、鱼雷和布设水雷，攻击海上和陆上目标。

航空母舰是“海上霸王”吗？

电视节目中正在介绍航空母舰。奇奇想知道，为什么说航空母舰是“海上霸王”呢？

妈妈说：“航空母舰是可以供军用飞机起飞和降落的军舰，是所有军舰中体积最大、吨位最大、作战能力最强的舰种。同时，航空母舰建造技术复杂、造价昂贵。所以，大家又把它叫作‘海上霸王’。”

迷你资料库

专用航空母舰可分为攻击型航空母舰、反潜航空母舰、护航航空母舰和多用途航空母舰四种类型。

小小观察站

航空母舰从来不单独行动，它总是在其他船只陪同下行动。陪同船只包括巡洋舰、驱逐舰、护卫舰等，合称为舰队。

为什么帆船逆风也能航行？

奇奇来海边看帆船比赛。帆船本身没有动力，它是靠风力吹动船帆作为动力航行的。可是奇奇不明白，为什么逆风的时候，帆船也能航行？

妈妈告诉奇奇："帆船上的风帆是可以根据风向调整角度的。遇到逆风的时候，赛手一般会侧转船身，并不正面顶着风航行，而是让帆和船身与风形成一定的角度。风吹在帆的一侧，帆的另一侧风的压力却比较小。利用这种压力差，帆船就可以行进了。不过，因为船头已经偏离了原来的航向，帆船要按'之'字形航线行驶，才能到达终点。"

迷你资料库

1900 年第 2 届奥运会，帆船比赛被正式列为比赛项目。

小小观察站

虽然帆船的行驶速度不是很快，但是它几乎没有能源消耗，也不会造成环境污染，是一种环保的交通工具。

独木舟是一根木头做的吗？

有一种小船叫作独木舟。独木舟真的是用一根木头做的吗？

妈妈说：“独木舟是用整根的大树树干凿成的。一般来说，独木舟的宽度只有一人宽，长度根据树木的长短而定。独木舟平口圆底，两头尖而且微微上翘，这种形状是为了方便在水里滑行。”

迷你资料库

冬天，河面冰封之后，人们把独木舟拉到岸上来。有人把独木舟当作给马喂料的食槽，还真是挺合适的。

小小观察站

除了单独行驶之外，人们还把两艘独木舟用木板并排连在一起，在涨水的季节用来运送货物。

蛙泳是跟青蛙学的吗？

奇奇上了游泳培训班，老师首先教小朋友们学习蛙泳。奇奇问："蛙泳是跟青蛙学的吗？"

老师告诉奇奇："蛙泳就是人类模仿青蛙游泳动作的一种游泳姿势，也是最古老的一种姿势。据记载，早在2000~4000年前，中国、罗马、埃及就有了类似的游泳姿势。最初，人们把这种姿势叫作'青蛙泳'。"

迷你资料库

现在的游泳比赛基本上有4种游泳姿势：自由泳、仰泳、蛙泳和蝶泳。

小小观察站

最早的游泳比赛并不规定游泳姿势。由于蛙泳的速度比较慢，几乎没有人愿意采用蛙泳姿势参加比赛。

责任编辑：金慕颜
装帧设计：巢倩慧
责任校对：朱晓波
责任印制：汪立峰

图书在版编目（CIP）数据

水下世界 / 闫宝华编著. -- 杭州：浙江摄影出版社，2021.1
（奇奇小问号）
ISBN 978-7-5514-2768-5

Ⅰ. ①水… Ⅱ. ①闫… Ⅲ. ①水生动物－儿童读物②潜水器－儿童读物 Ⅳ. ① Q958.8 -49 ② P754.3-49

中国版本图书馆 CIP 数据核字 (2019) 第 277306 号

SHUI XIA SHIJIE
水下世界
（奇奇小问号）
闫宝华 编著

全国百佳图书出版单位
浙江摄影出版社出版发行
地址：杭州市体育场路 347 号
邮编：310006
网址：www.photo.zjcb.com
电话：0571-85151082
经销：全国新华书店
印刷：浙江兴发印务有限公司
开本：710mm × 1000mm 1/16
印张：5
2021 年 1 月第 1 版　　2021 年 1 月第 1 次印刷
ISBN 978-7-5514-2768-5
定价：19.80 元